学习

Eureka Math®
1年级
模块6

Great Minds PBC is the creator of Eureka Math®,
Wit & Wisdom®, Alexandria Plan™, and PhD Science™.

Published by Great Minds PBC. greatminds.org

Copyright © 2020 Great Minds PBC. All rights reserved. No part of this work may be reproduced or used in any form or by any means—graphic, electronic, or mechanical, including photocopying or information storage and retrieval systems—without written permission from the copyright holder.

ISBN 978-1-64929-248-3

1 2 3 4 5 6 7 8 9 10 CCD 25 24 23 22 21 20

Printed in the USA

学习·练习·成功

Eureka Math® 的学生教材 A Story of Units® (幼儿园到 5 年级) 可以在学习、练习、成功三合一课程中取得。本系列支持差异学习和辅导，同时保持学生教材条理清晰且易于使用。教育人员会发现学习、练习和成功系列还具备连贯性的介入响应模式 (Response to Intervention / RTI)，因此学习更有效率，并提供额外练习和夏季学习资源。

学习

Eureka Math 学习可作为学生的课堂伙伴，帮助其展示自己的想法、分享他们知道的内容、看着他们每天累积知识。学习通过容易存放和浏览的书册集合了每日的课堂作业——应用题、课堂反馈条、习题集和模版。

练习

每堂 Eureka Math 课程从一系列充满活力、欢乐的熟练度活动开始进行，包括 Eureka Math 练习的内容。精通数学的学生可以更深入地掌握更多教材。通过练习，学生将掌握新习得的技能，并加强以前的学习，为下一堂课做准备。

学习和练习一起提供学生用于核心数学教学所需的所有印刷教材。

成功

Eureka Math 成功让学生可以独立学习并精通内容。每一课的额外习题集都与课堂的教学一致，因此非常适合当作家庭作业或额外练习。每个习题集都伴随一个家庭作业助手，它是一组说明如何解决类似习题的练习例题。

老师和导师可以使用前一年级的成功课本作为课程一致性的工具，以填补基础知识的落差。随着熟悉的模型加强与当前年级内容的联系，学生将蓬勃发展，并更快地进步。

学生、家庭和教育人员：

谢谢您加入 Eureka Math® 社区，我们在此赞扬数学带来的乐趣、美好和震撼。

通过丰富的体验和对话，新的学习会在 Eureka Math 的课堂中获得启发。学习课本将学生所需的提示和习题顺序交到他们的手中，以展现并巩固他们在课堂里的学习。

学习课本里有什么内容？

应用题： 解决现实世界中的问题是 Eureka Math 日常教学的一部分。学生在各种全新的情况下运用他们的知识，可建立信心和毅力。本课程鼓励学生使用 RDW 流程——阅读习题，画图以理解习题，并写出算式和解题方法。当学生分享他们的作业并互相解释他们的解题策略时，教师会提供帮助。

习题集： 精心安排的习题集让学生有机会能在课堂上进行独立作业，并提供多种不同的切入点。老师可以使用"准备和定制"流程为每个学生选择"必做"的题目。某些学生会比其他人完成更多习题；重要的是，通过老师稍微的提点，所有学生都有 10 分钟的时间立即练习所学内容。

学生通过习题集达到每堂课的高峰点——学生汇报。在此学生会与同学和老师进行思考，说明并强化他们当天有疑问、注意到和学习到的东西。

课堂反馈条： 学生通过每日的课堂反馈条向老师展示他们的知识。这项理解程度的检查为老师提供了当天教学成果的珍贵实时证据，进而为下一次的教学重点提供重要的见解。

模板： 有时，"应用题"、"习题集"或其他课堂活动要求学生拥有自己的图片副本、可重复使用的模型或数据集。所有这些模板会在需要用到的第一堂课提供。

在哪里可以了解更多 Eureka Math 的资源？

Great Minds® 团队致力于通过不断扩充的资源库为学生、家庭和教育人员提供支持，请访问：eureka-math.org。该网站还在Eureka Math社区提供了一些令人振奋的成功案例。通过成为Eureka Math优胜者与其他用户分享您的见解和成就。

祝福您一整年都充满着灵光乍现的时刻！

吉尔·迪尼兹（Jill Diniz）
数学总监
Great Minds

读–画–写流程

Eureka Math 课程让老师通过简单且可重复的教学流程支持学生解决习题。读–画–写（RDW）流程要求学生

1. 阅读习题。
2. 画图与标记。
3. 写出算式。
4. 写出文字算式（陈述）。

本课程鼓励教育人员加入以下问题来加强教学流程，例如：

- 你看到了什么？
- 你能画点东西吗？
- 你可以从图画中得出什么结论？

通过这种系统性与开放性的方法，学生参与习题推理的程度越深，他们就越能将思考过程消化吸收，并且在未来更能直觉性地应用这些技能。

目录

模块6：100以内的位值、比较、加法和减法

主题A：比较文字题

第一课 1

第二课 5

主题B：120以内的数字

第三课 9

第四课 17

第五课 23

第六课 29

第七课 35

第八课 41

第九课 47

主题C：使用位值理解的100以内加法

第十课 53

第十一课 61

第十二课 67

第十三课 73

第十四课 79

第十五课 85

第十六课 91

第十七课 97

主题D：不同位值策略的100以内加法

第十八课 103

第十九课 109

主题E：硬币及其值

- 第二十课 115
- 第二十一课 121
- 第二十二课 127
- 第二十三课 133
- 第二十四课 139

主题F：20以内的各种习题类型

- 第二十五课 145
- 第二十六课 149
- 第二十七课 153

主题G：终极体验

- 第二十八课 157
- 第二十九课 161
- 第三十课 163

| 单位的故事 | 第一课习题集 | 1•6 |

姓名 _____ 日期 _____

阅读文字习题。
绘画带形图或双带形图并标记。
写一个算式和一个陈述以匹配故事。

```
R [   8   ]
N [   8   (?)]
           12
     12 - 8 = [4]
```

1. 彼得的农场有3只山羊。胡里奥的农场上有9只山羊。胡里奥的山羊比彼得的多多少只？

2. 威利在果园里摘了16个苹果。艾米在果园里摘了10个苹果。威利比艾米采摘的苹果多了多少个？

第一课： 求解不同未知数习题类型的比较。

3. 李从鸡窝里的母鸡那里收集了13个鸡蛋。本从鸡窝里的母鸡那里收集了18个鸡蛋。李收集的鸡蛋比本少了多少？

4. 莎妮卡在休息期间做了14个车轮。金做了20个车轮。金比莎妮卡多制作了多少车轮？

单位的故事   第一课课堂反馈条   1•6

姓名 _____ 日期 _____

阅读文字习题。

绘画带形图或双带形图并标记。

写一个算式和一个陈述以匹配故事。

安东在比赛中绕跑道跑了12圈。罗斯绕跑道跑了17圈。罗斯在赛道上比安东多出了几圈?

第一课: 求解不同未知数习题类型的比较。

3

单位的故事　　　　　　　　　　　　　　　　　　　　　　　　第二课习题集　1•6

姓名 _____　　　　日期 _____

阅读文字习题。
绘画带形图或双带形图并标记。
写一个算式和一个陈述以匹配故事。

```
N [ 6 ]
R [ 6 | 4 ]
      ?=10
6 + 4 = [10]
```

1. 尼基为比赛烤了5个馅饼。彼得比尼基多烤了3个馅饼。彼得为比赛烤了多少馅饼?

2. 艾米种了12朵花。罗斯比艾米少种三朵花。罗斯种了几朵花?

3. 本在足球比赛中打进15球。安东打进11球。本比安东多进了多少球?

第二课：　求解较大或较小未知数习题类型的比较。

4. 金在花园里种了12朵玫瑰。弗兰种的玫瑰比金的少6朵。弗兰在花园里种了几朵玫瑰？

5. 玛丽亚的鱼缸里的鱼比莎妮卡多4条。莎妮卡有16条鱼。玛丽亚的鱼缸里有几条鱼？

6. 李有11个棋盘游戏。李的棋盘游戏比达内尔多5个。达内尔有几个棋盘游戏？

姓名 _____ 日期 _____

阅读文字习题。
绘画带形图或双带形图并标记。
写一个算式和一个陈述以匹配故事。

N | 6
R | 6 | 4
? = 10
6 + 4 = 10

塔姆拉装点了13块饼干。凯安娜装点的饼干比塔姆拉少5块。凯安娜装点了多少饼干？

读

塔姆拉比彼得的金鱼多4条。彼得有10条金鱼。塔姆拉有几条金鱼?

画

写

_____

_____

_____

図

单位的故事　　　　　　　　　　　　　　　　　　　　　　　　　第三课习题集　1•6

姓名 _____　　　　**日期** _____

写出十位数和个位数。完成陈述句。

1.

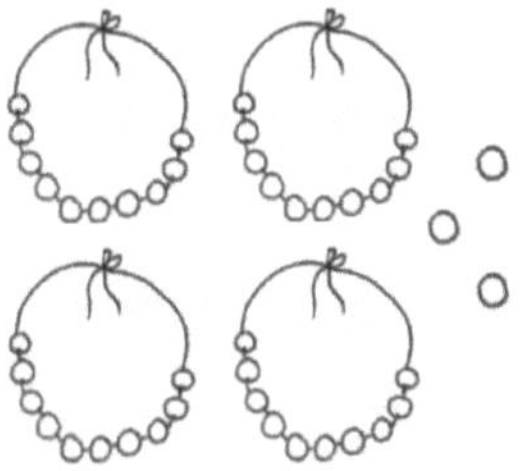

十(位数)	个(位数)

43 = _____ 个十 _____ 个一

2.

十(位数)	个(位数)

_____ = _____ 个十 _____ 个一

3.

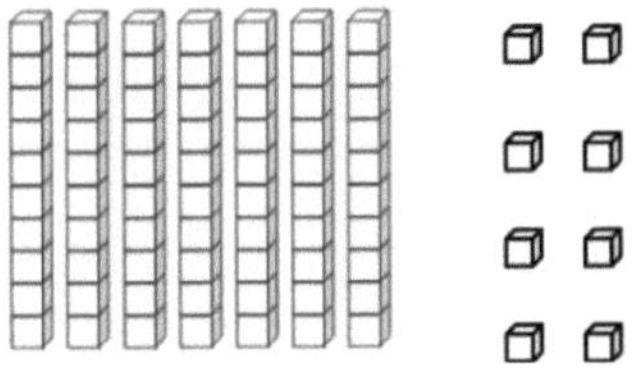

十(位数)	个(位数)

有 _____ 个立方体。

4.

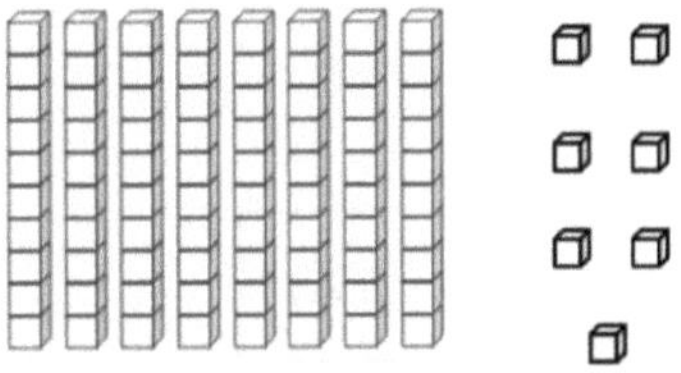

十(位数)	个(位数)

有 _____ 个立方体。

5.

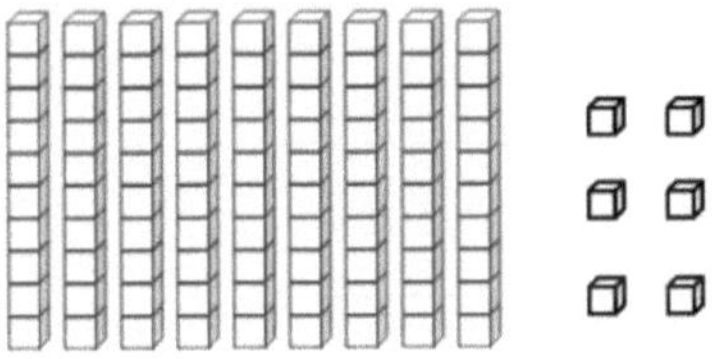

十(位数)	个(位数)

有 _____ 个立方体。

6.

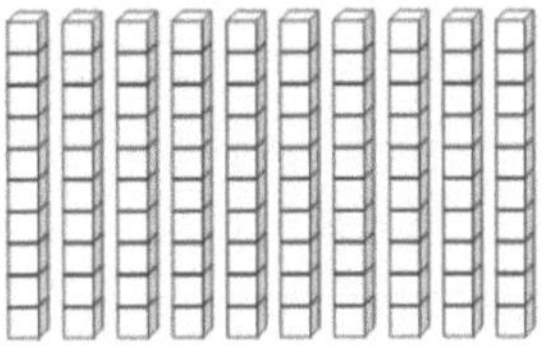

十(位数)	个(位数)

有 _____ 个立方体。

7.

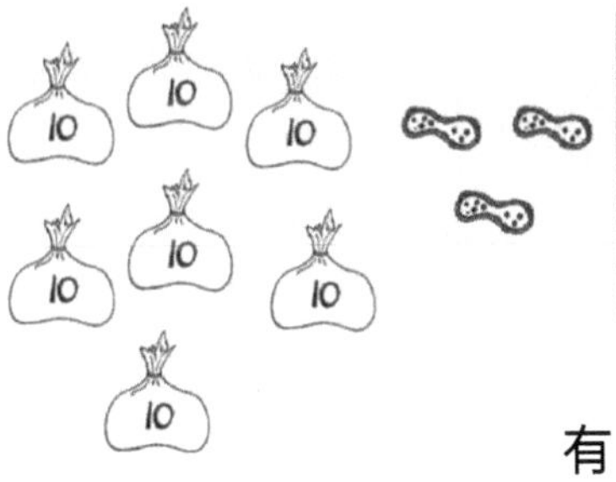

十(位数)	个(位数)

有 _____ 颗花生。

8.

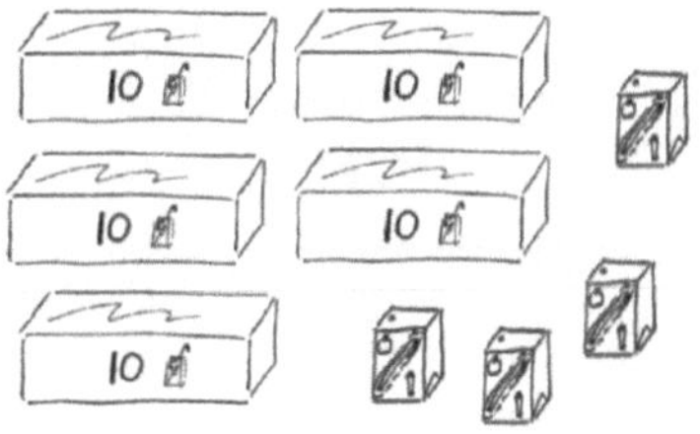

十(位数)	个(位数)

有 _____ 个果汁盒。

第三课：　使用位值图表记录和命名100以内两位数的十位数和个位数。

9. 在位值图表中将数字写为十位数和个位数，或使用位值图表写入数字。

	十(位数)	个(位数)
a. 40 | | |

	十(位数)	个(位数)
b. 46 | | |

	十(位数)	个(位数)
c. ____ | 5 | 9 |

	十(位数)	个(位数)
d. ____ | 9 | 5 |

	十(位数)	个(位数)
e. 75 | | |

	十(位数)	个(位数)
f. 70 | | |

	十(位数)	个(位数)
g. 60 | | |

	十(位数)	个(位数)
h. ____ | 8 | 0 |

	十(位数)	个(位数)
i. ____ | 5 | 5 |

	十(位数)	个(位数)
j. ____ | 10 | 0 |

姓名 _____ 日期 _____

1. 写出十位数和个位数。完成陈述句。

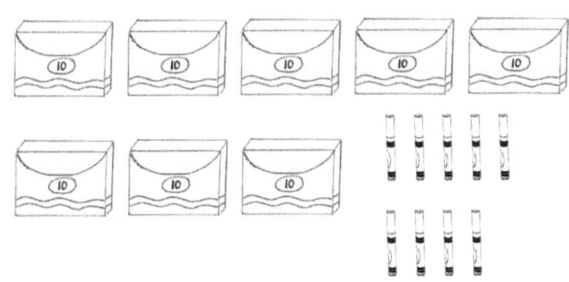

十(位数)	个(位数)

有 _____ 支记号笔。

2. 在位值图表中将数字写为十位数和个位数，或使用位值图表写入数字。

a. 90

十(位数)	个(位数)

b. _____

十(位数)	个(位数)
8	7

第三课： 使用位值图表记录和命名100以内两位数的十位数和个位数。

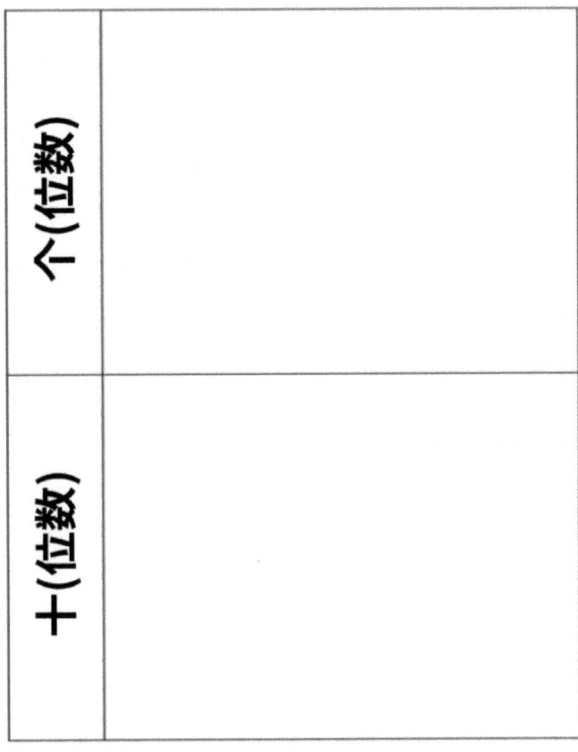

位值图表

读

塔姆拉有14条金鱼。达内尔有8条金鱼。达内尔的金鱼比塔姆拉的少了多少?

画

写

_____

_____

姓名 _____ **日期** _____

数对象,并填写数字键或位值图表。完成算式以相加十位数和个位数。

1.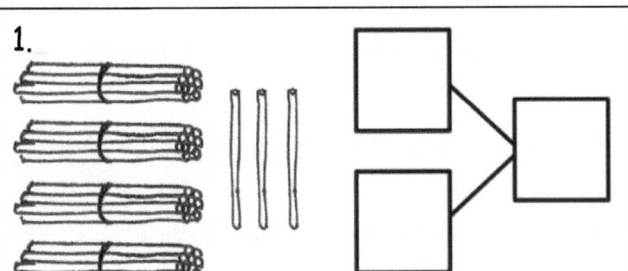

   40和3等于 _____。

   40 + 3 = _____

2.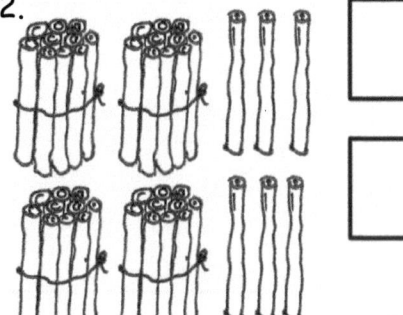

   40和6等于 _____。

   40 + 6 = _____

3.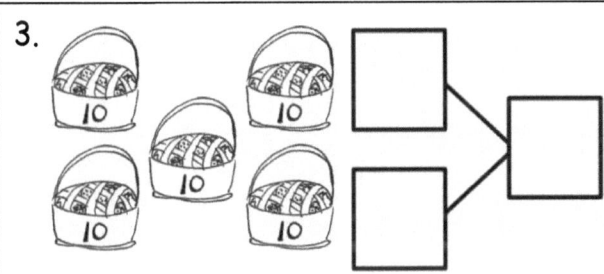

   57 = _____ + _____

   比50大7是 _____。

4.

   75 = _____ + _____

   比70大5是 _____。

5.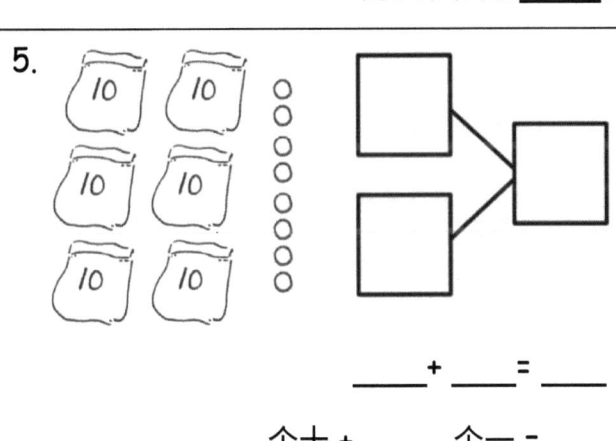

   _____ + _____ = _____

   _____ 个十 + _____ 个一 = _____

6.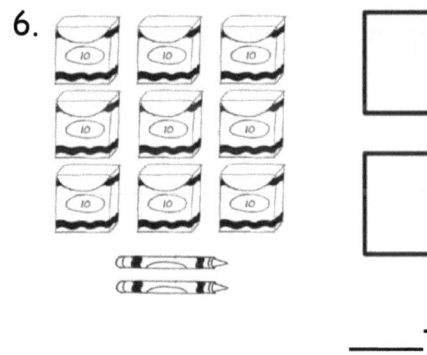

   _____ + _____ = _____

   _____ 个十 + _____ 个一 = _____

第四课: 编写并解释100以内两位数的加法算式,将十位数和个位数相加。

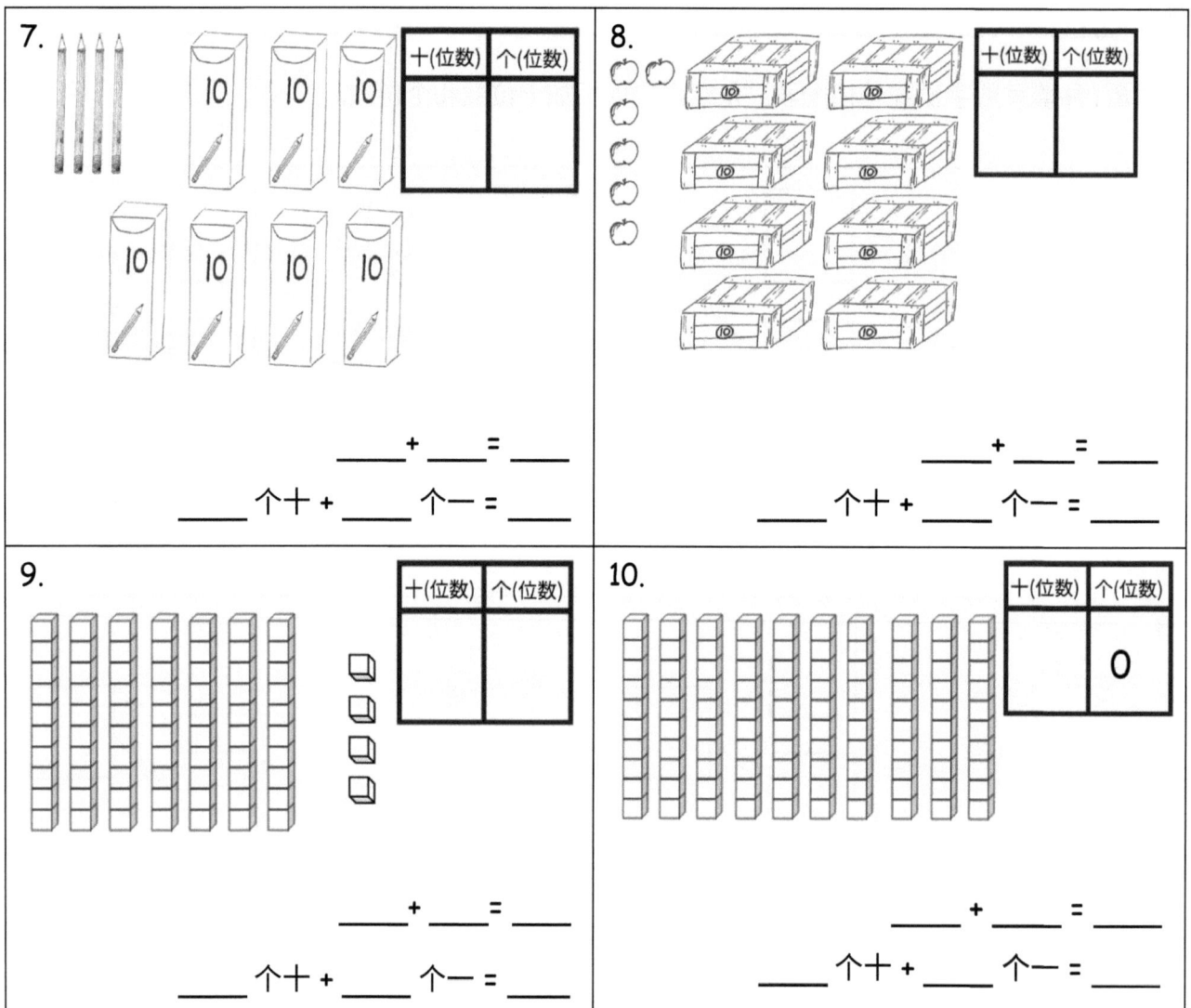

11. 完成算式以相加十位数和个位数。

a. 50 + 6 = ____

b. ____ + 9 = 89

c. 5个十 + ____ 个一 = 56

d. 9个一 + 8个十 = ____

姓名 _____   日期 _____

1. 数对象,并填写数字键或位值图表。完成算式以相加十位数和个位数。

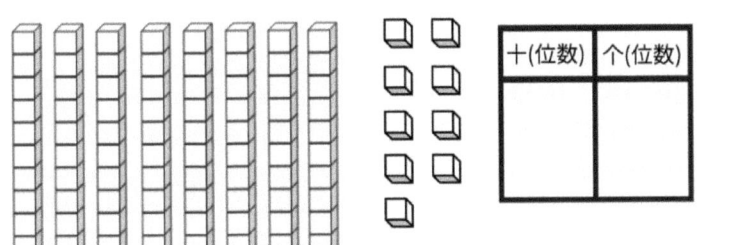

____ + ____ = ____

____ 个十 + ____ 个一 = ____

2. 完成算式以相加十位数和个位数。

a. 90 + 2 = ____

b. 7个十 + ____ 个一 = 79

单位的故事　　　　　　　　　　　　　　　　　　　　　第五课应用题　1•6

读

凯安娜的金鱼比塔姆拉少6条。塔姆拉有14条金鱼。

凯安娜有几条金鱼？

画

写

___

___

___

第五课：　　确认比100以内的两位数大10，小10，大1和小1的的数字。

姓名 _____ **日期** _____

1. 解题。你可以绘画或划掉(x)来展示你的解题方法。

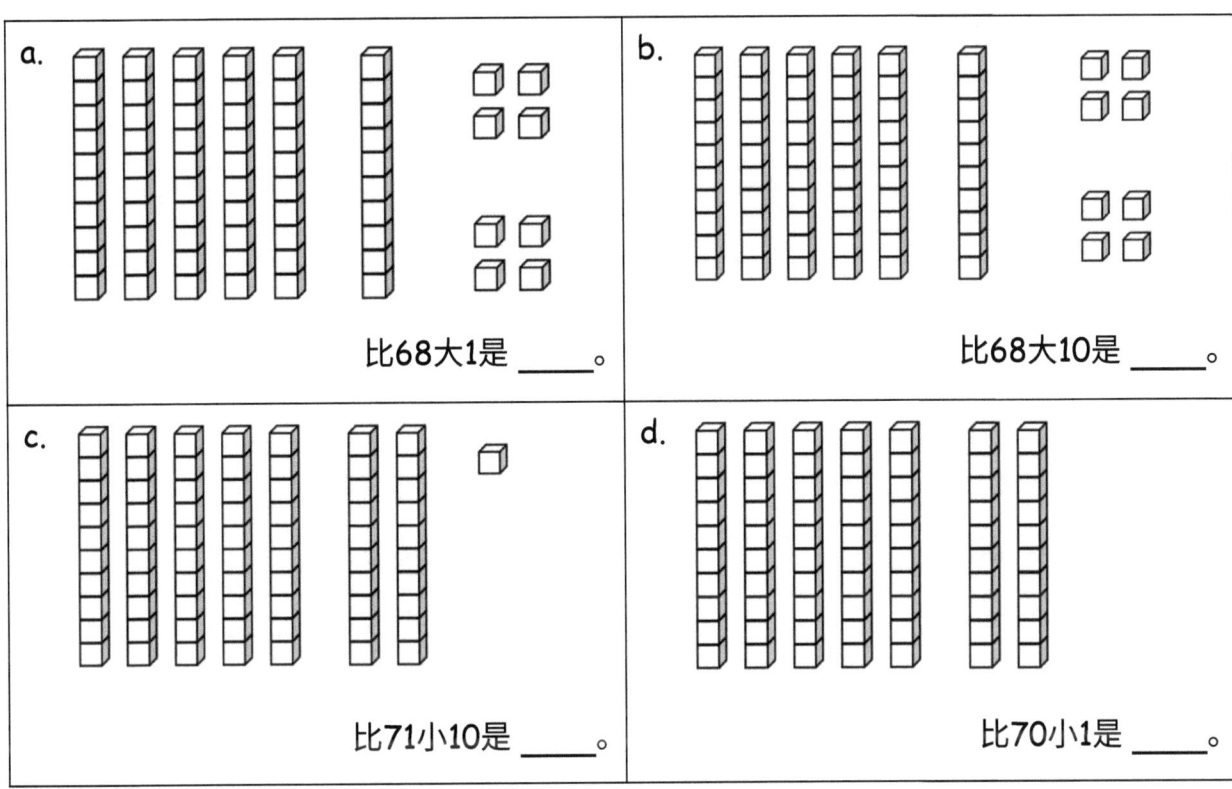

a. 比68大1是 ____。

b. 比68大10是 ____。

c. 比71小10是 ____。

d. 比70小1是 ____。

2. 求出神秘数字。使用箭头的方式来说明你是如何知道的。

a. 比59大10是 ____。

十(位数)	个(位数)
5	9

+ 10 →

十(位数)	个(位数)

b. 比59小1是 ____。

十(位数)	个(位数)

十(位数)	个(位数)

c. 比59大1是 ____。

十(位数)	个(位数)

十(位数)	个(位数)

d. 比59小10是 ____。

十(位数)	个(位数)

十(位数)	个(位数)

第五课：确认比100以内的两位数大10，小10，大1和小1的的数字。

3. 写下**大1**的数字。

   a. 10, ____

   b. 70, ____

   c. 76, ____

   d. 79, ____

   e. 99, ____

4. 写下**大10**的数字。

   a. 10, ____

   b. 60, ____

   c. 61, ____

   d. 78, ____

   e. 90, ____

5. 写下**小1**的数字。

   a. 12, ____

   b. 52, ____

   c. 51, ____

   d. 80, ____

   e. 100, ____

6. 写下**小10**的数字。

   a. 20, ____

   b. 60, ____

   c. 74, ____

   d. 81, ____

   e. 100, ____

7. 在每个序列中填写缺少的数字。

   a. 40, 41, 42, ____

   b. 89, 88, 87, ____

   c. 72, 71, ____, 69

   d. 63, ____, 65, 66

   e. 40, 50, 60, ____

   f. 80, 70, 60, ____

   g. 55, 65, ____, 85

   h. 99, 89, ____, 69

   i. ____, 99, 98, 97

   j. ____, 77, ____, 57

单位的故事　　　　　　　　　　　　　　　　　　　第五课课堂反馈条　　1·6

姓名 _____　　　日期 _____

1. 求出神秘数字。使用箭头的方式说明你是如何知道的。

   a. 比69小1是 _____。　　　　　　　b. 比69大10是 _____。

十(位数)	个(位数)

十(位数)	个(位数)

十(位数)	个(位数)

十(位数)	个(位数)

2. 写下**大1**的数字。	3. 写下**大10**的数字。
a. 40, ____	a. 50, ____
b. 86, ____	b. 62, ____
c. 89, ____	c. 90, ____
4. 写下**小1**的数字。	5. 写下**小10**的数字。
a. 75, ____	a. 80, ____
b. 70, ____	b. 99, ____
c. 100, ____	c. 100, ____

第五课：　　确认比100以内的两位数大10，小10，大1和小1的的数字。

读

尼基有12辆玩具车。威利有4辆玩具车。当尼基和威利玩耍时,他们有几辆车?

画

写

_____

_____

_____

姓名 _____ **日期** _____

1. 使用符号比较数字。填空使用符合 <, >, 或 = 使陈述正确。

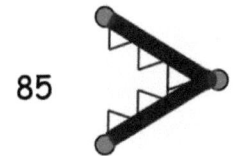 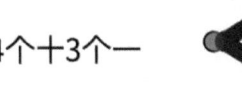

85 > 75
85大于75。

43 < 46
43小于46。

a. 35 ◯ 42

b. 78 ◯ 80

c. 100 ◯ 99

d. 93 ◯ 8个十3个一

e. 9个十8个一 ◯ 10个十

f. 6个十2个一 ◯ 2个十6个一

g. 72 ◯ 2个一7个十

h. 5个十4个一 ◯ 4个十14个一

第六课：使用符号 >, = 和 < 比较100以内的数量和数字。

2. 圈出正确的词汇，使句子正确。使用符合 >, <, 或 = 和数字写一个真实的陈述句。

a. 29 [大于 / 小于 / 等于] 2个十9个一

____ ◯ ____

b. 7个十9个一 [大于 / 小于 / 等于] 80

____ ◯ ____

c. 10个十 0个一 [大于 / 小于 / 等于] 0个十 10个一

____ ◯ ____

d. 6个十1个一 [大于 / 小于 / 等于] 5个十16个一

____ ◯ ____

3. 使用符合 <, =, 或 > 比较数字对。

a. 3个十9个一 ◯ 5个十9个一

b. 30 ◯ 13

c. 100 ◯ 10个十

d. 6个十4个一 ◯ 4个一6个十

e. 7个十9个一 ◯ 79

f. 1个十5个一 ◯ 5个一1个十

g. 72 ◯ 6个十12个一

h. 88 ◯ 8个十18个一

单位的故事　　　　　　　　　　　　　　　　　　　　　　　第六课课堂反馈条　　1•6

姓名 _____　　　日期 _____

圈出正确的词汇，使句子正确。使用符合 >, <, 或 = 和数字以写出真实的陈述。

a.
36　　大于 / 小于 / 等于　　6个十3个一

____ ◯ ____

b.
90　　大于 / 小于 / 等于　　8个十9个一

____ ◯ ____

c.
52　　大于 / 小于 / 等于　　5个十2个一

____ ◯ ____

d.
4个十2个一　　大于 / 小于 / 等于　　3个十14个一

____ ◯ ____

第六课：　　使用符号 >, = 和 < 比较100以内的数量和数字。

单位的故事 第七课应用题 1•6

读

莎妮卡的花瓶里有6朵玫瑰和7朵郁金香。玛丽亚在花瓶里有4朵玫瑰和8朵郁金香。谁的花更多？她的花多多少？

画

写

___

___

___

第七课： 计算并写下120以内的数字。使用隐藏零卡将数字0与 20, 100和120关联起来。

单位的故事　　　　　　　　　　　　　　　　　　　　　　　第七课习题集　1•6

姓名 _____　　日期 _____

1. 在图表中填写120以内缺失的数字。

a.	b.	c.	d.	e.
71	81	91		111
	82		102	
73	83	93		113
	84	94	104	114
76	86	96	106	116
77	87	97		117
79	89	99	109	119
80		100	110	

第七课：　计算并写下120以内的数字。使用隐藏零卡将数字0与20，100和120关联起来。

2. 写下数字以连续计数序列到120。

96, 97, ____, ____, ____, ____, ____,

____, ____, ____, ____, ____, ____,

____, ____, ____, ____, ____, ____,

____, ____, ____, ____, ____, ____

3. 圈出不正确的序列。在数轴上正确地重写。

a.

107, 108, 109, 110, 120

b.

99, 100, 101, 102, 103

4. 填写序列中缺少的数字。

a.

115, 116, ____, ____, ____

b.

____, ____, 118, ____, 120

c.

100, 101, ____, ____, 104

d.

97, 98, ____, ____, ____, ____

单位的故事　　　　　　　　　　　　　　　　　　　　　　　第七课课堂反馈条　　1•6

姓名 _____　　　日期 _____

1. 通过填写缺失的数字来完成图表。

   a.
88
90

   b.
99

   c.
108

   d.
119

2. 填写缺失的数字以连续计数序列。

   a.
   117, ____, 119, ____

   b.
   108, 109, ____, ____, ____

第七课：　计算并写下120以内的数字。使用隐藏零卡将数字0与20，100和120关联起来。

读

李发现了15块闪闪发光的岩石。金发现了8块闪闪发光的岩石。李比金找到的闪闪发光的岩石多多少?

画

写

_____

_____

单位的故事 第八课习题集 1•6

姓名 _____ 日期 _____

1. 在位值图表中将数字写为十位数和个位数，或使用位值图表写入数字。

a. 74

十(位数)	个(位数)

b. 78

十(位数)	个(位数)

c. ____

十(位数)	个(位数)
9	1

d. ____

十(位数)	个(位数)
10	9

e. 116

十(位数)	个(位数)

f. 103

十(位数)	个(位数)

g. ____

十(位数)	个(位数)
11	2

h. ____

十(位数)	个(位数)
12	0

i. ____

十(位数)	个(位数)
10	5

j. 102

十(位数)	个(位数)

第八课： 仅用十位数和个位数以单位形式计数到120。在位值图表上将120以内的数字表示为十位数和个位数。

2. 匹配。

a.
十(位数)	个(位数)
9	7

b.
十(位数)	个(位数)
10	7

c.
十(位数)	个(位数)
11	0

d.
十(位数)	个(位数)
10	5

e.
十(位数)	个(位数)
10	1

f.
十(位数)	个(位数)
12	0

g.
十(位数)	个(位数)
11	8

10个十5个一

10个十7个一

9个十7个一

12个十0个一

11个十0个一

11个十8个一

10个十1个一

单位的故事　　　　　　　　　　　　　　　　　　　　　　　　第八课课堂反馈条　　1•6

姓名 _____　　日期 _____

1. 在位值图表中将数字写为十位数和个位数，或使用位值图表写入数字。

a. 83

十(位数)	个(位数)

b. ____

十(位数)	个(位数)
9	4

c. ____

十(位数)	个(位数)
11	5

d. 106

十(位数)	个(位数)

2. 写下数字。

a. 10个十2个一是数字 _____。

b. 11个十4个一是数字 _____。

第八课：　仅用十位数和个位数以单位形式计数到120。在位值图表上将120以内的数字表示为十位数和个位数。

单位的故事 | 第九课应用题 | 1•6

读

艾米和胡里奥总共有17只宠物鼠。每个孩子可能有几只老鼠?

扩展： 谁拥有更多,那个孩子多多少?

画

写

第九课： 用一个书面数字表示120以内的对象。

单位的故事　　　　　　　　　　　　　　　　　　　　　　　　　　　第九课习题集　1•6

姓名 _____　　　日期 _____

数对象有多少。填写位值图表，然后在线上写下数字。

1. | 十(位数) | 个(位数) |
   |---|---|
   | | |

   _____

2. | 十(位数) | 个(位数) |
   |---|---|
   | | |

   _____

3. | 十(位数) | 个(位数) |
   |---|---|
   | | |

   _____

4. | 十(位数) | 个(位数) |
   |---|---|
   | | |

   _____

5. | 十(位数) | 个(位数) |
   |---|---|
   | | |

   _____

第九课：　用一个书面数字表示120以内的对象。

6.

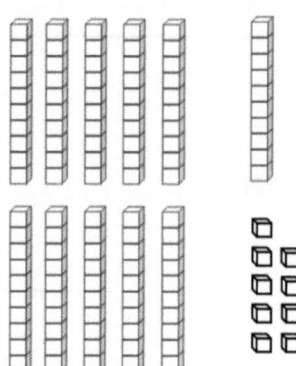

十(位数)	个(位数)

_____

7.

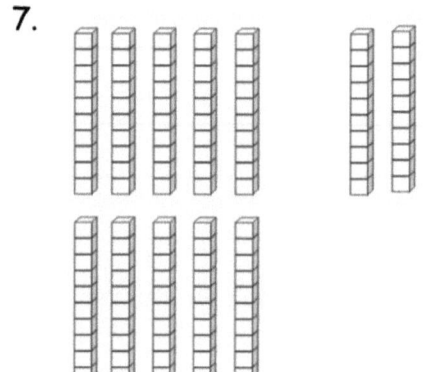

十(位数)	个(位数)

_____

使用快速十和一来表示以下数字。将数字写在线上。

8. _____

十(位数)	个(位数)
10	9

9. _____

十(位数)	个(位数)
12	0

单位的故事　　　　　　　　　　　　　　　　　　　　　第九课课堂反馈条　1•6

姓名 _____　　　日期 _____

1. 数东西。填写位值图表，然后在线上写下数字。

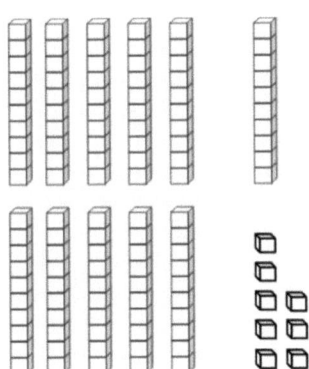

十(位数)	个(位数)

_____

2. 使用快速十和一来表示以下数字。在线上写下数字。

a.
十(位数)	个(位数)
11	0

_____

b.
十(位数)	个(位数)
10	1

_____

第九课：　用一个书面数字表示120以内的对象。

读

弗兰有8只蜥蜴。安东把一些蜥蜴交给了弗兰。弗兰现在有13只蜥蜴。安东给了弗兰几只蜥蜴?

画

写

单位的故事　　　　　　　　　　　　　　　　　　　　　　　　　第十课习题集　1•6

姓名 _____　　　日期 _____

完成数字键和数字算式以匹配图片。

1.

```
      50
     /  \
    30   20
```

___3___ +(位数)+ _____ +(位数) = _____ +(位数)

30 + 20 = _____

2.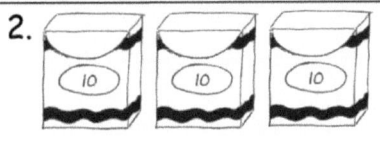

∧

_____ +(位数)+ _____ +(位数) = _____ +(位数)

_____

3.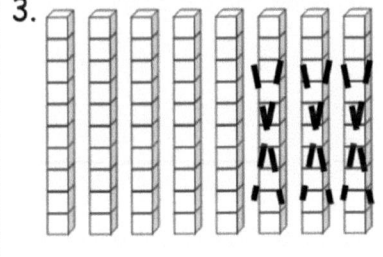

∧

_____ +(位数)− _____ +(位数) = _____ +(位数)

_____

4.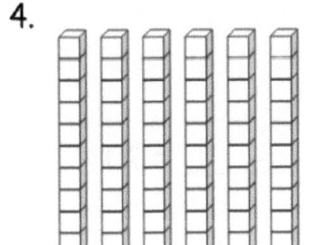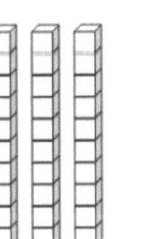

∧

_____ +(位数)+ _____ +(位数) = _____ +(位数)

_____

5.

∧

_____ +(位数)− _____ +(位数) = _____ +(位数)

_____

第十课：　从10到100的倍数中加减10的倍数，包括角币。

计算角币进行加或减。写一个数字算式以匹配角币的值。

6. +   40 + 20 = _____

7.   _____

8. +
     _____

9.
    _____

10.
      _____

11. 写出缺少的数字。

   a. 40 + 40 = _____   b. 50 - 30 = _____   c. 10 + _____ = 70

   d. 60 - _____ = 0   e. 90 - _____ = 10   f. 70 + _____ = 90

   g. 50 + 40 = _____   h. 100 - 30 = _____   i. 100 - _____ = 70

姓名 _____   日期 _____

1. 写出缺少的数字。

   a. 40 + 50 = _____   b. 80 - 60 = _____   c. 30 + _____ = 70

2. 写一个数字算式以匹配图片。

   _____

单位的故事　　　　　　第十课模板　1•6

数字键/数字算式集合

第十课：　从10到100的倍数中加减10的倍数，包括角币。

读

本削尖了5支铅笔。他未削尖的铅笔比削尖的铅笔多了8支。本有几支未削尖的铅笔?

画

写

_____

_____

_____

姓名 _____ 日期 _____

使用图片求解。完成匹配的数字算式。

1. _____ + _____ = _____

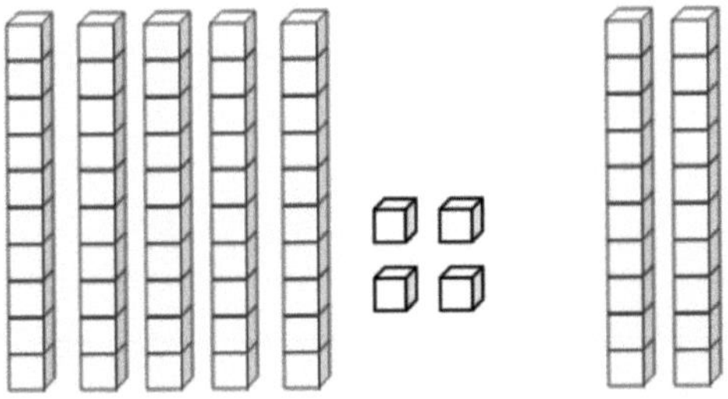

2. _____ + _____ = _____

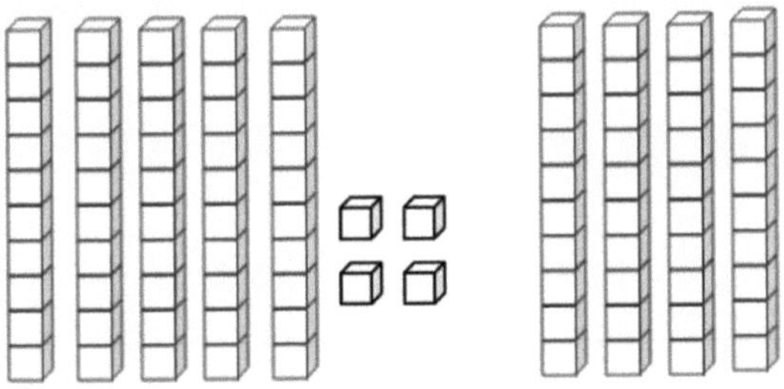

3. _____ + _____ = _____

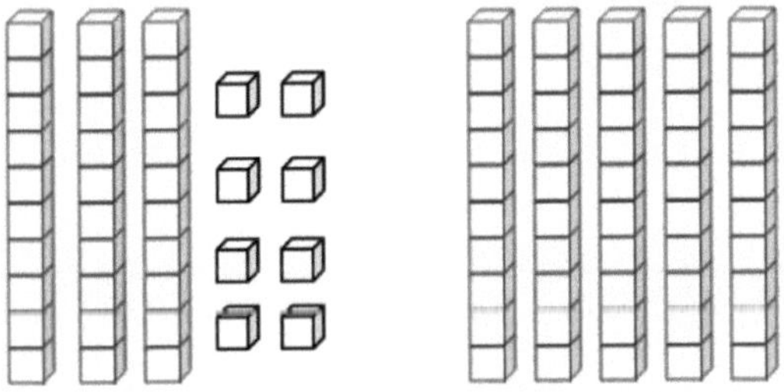

4. _____ + _____ = _____

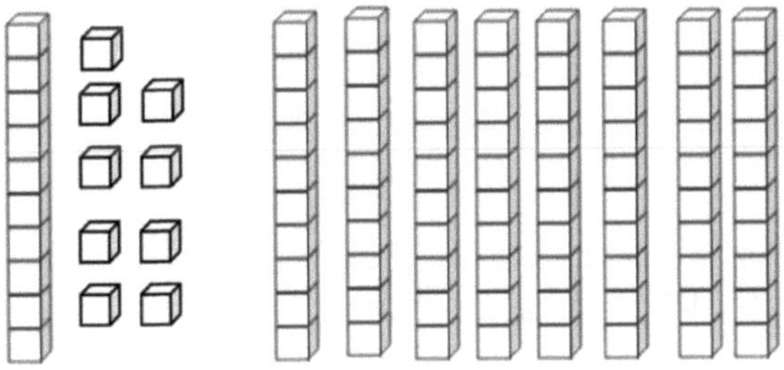

5. 解题。

$$64 + 30 = 94$$
$$\overset{\frown}{4\ \ 60}$$
$$60 + 30 = 90$$
$$90 + 4 = 94$$

a. 47 + 40 = _____

b. 57 + 30 = _____

c. 35 + 30 = _____

d. 35 + 50 = _____

e. 30 + 63 = _____

f. 40 + 39 = _____

6. 求解并向伙伴解释你的想法。

a. 2 + 50 = _____

b. 58 + 40 = _____

c. 48 + _____ = 98

d. 60 + _____ = 86

单位的故事 第十一课课堂反馈条 1·6

姓名 _____ 日期 _____

解题。使用快速十和一图画或数字键。

a. 42 + 50 = _____	b. 30 + 57 = _____

第十一课: 将10的倍数与100以内的任何两位数相加。

单位的故事 第十二课应用题 1•6

读

凯安娜希望文件夹中有14张贴纸。她还需要6张贴纸才能达到目标。她现在有几张贴纸?

画

写

_____

_____

_____

第十二课: 当一位数的和小于或等于10时,添加一对两位数字。

姓名 _____ 日期 _____

1. 解题。

a. 84 + 12 = _____	b. 71 + 26 = _____
c. 57 + 22 = _____	d. 59 + 41 = _____
e. 35 + 65 = _____	f. 26 + 54 = _____
g. 57 + 42 = _____	h. 37 + 63 = _____

第十二课: 当一位数的和小于或等于10时，添加一对两位数字。

单位的故事 第十二课习题集 1•6

2. 解题。

a. 45 + 13 = _____	b. 45 + 23 = _____
c. 21 + 27 = _____	d. 27 + 23 = _____
e. 48 + 32 = _____	f. 48 + 52 = _____
g. 34 + 65 = _____	h. 46 + 43 = _____

第十二课： 当一位数的和小于或等于10时，添加一对两位数字。

| 单位的故事 | 第十二课课堂反馈条 | 1•6 |

姓名 _____ **日期** _____

使用数字键求解。你可以选择先相加个位数或十位数。写下两个数字算式以说明你的解题方法。

a. 56 + 43 = _____	b. 22 + 75 = _____

第十二课: 当一位数的和小于或等于10时,添加一对两位数字。

读

朱利奥本周读了6本书。艾米本周阅读了12本书。

a. 朱利奥比艾米少读了几本书?

b. 他们总共读了几本书?

c. 朱利奥必须再读多少本书,这样他才能比艾米多读一本书?

画

写

姓名 _____ 日期 _____

1. 解题并说明你的解题方法。

a. 79 + 12 = _____	b. 59 + 32 = _____
c. 38 + 45 = _____	d. 36 + 47 = _____
e. 48 + 45 = _____	f. 57 + 34 = _____

第十三课：　当一位数的和大于10时，使用分解方法添加一对两位数。

2. 解题并说明你的解题方法。

a. 24 + 37 = _____	b. 48 + 45 = _____
c. 29 + 67 = _____	d. 48 + 34 = _____
e. 69 + 27 = _____	f. 78 + 17 = _____

单位的故事　　　　　　　　　　　　　　　　第十三课课堂反馈条　1•6

姓名 _____　　日期 _____

解题并说明你的解题方法。

a. 49 + 37 = _____

b. 56 + 38 = _____

第十三课：　当一位数的和大于10时，使用分解方法添加一对两位数。

77

单位的故事　　　　　　　　　　　　　　　　　　　　　　第十四课应用题　1•6

读

午餐桌有12把椅子，15名学生。为了让每个学生都有椅子，还需要多少把椅子？

画

写

_____

_____

_____

第十四课：　当一位数的和大于10时，使用分解方法添加一对两位数。　　79

单位的故事 第十四课习题集 1•6

姓名 _____ 日期 _____

1. 解题并说明你的解题方法。

a. 48 + 21 = _____	b. 48 + 22 = _____
c. 39 + 43 = _____	d. 48 + 34 = _____
e. 77 + 14 = _____	f. 67 + 27 = _____
g. 58 + 37 = _____	h. 68 + 29 = _____

第十四课： 当一位数的和大于10时，使用分解方法添加一对两位数。 81

2. 解题并说明你的解题方法。

a. 39 + 31 = _____	b. 58 + 23 = _____
c. 77 + 23 = _____	d. 69 + 26 = _____
e. 68 + 25 = _____	f. 45 + 37 = _____
g. 59 + 39 = _____	h. 58 + 38 = _____

第十四课: 当一位数的和大于10时,使用分解方法添加一对两位数。

单位的故事　　　　　　　　　　　　　　　　　　　　　第十四课课堂反馈条

姓名 _____　　　日期 _____

解题并说明你的解题方法。

a. 47 + 42 = _____

b. 78 + 22 = _____

c. 56 + 38 = _____

第十四课：　当一位数的和大于10时，使用分解方法添加一对两位数。

单位的故事 第十五课应用题 1•6

读

班上有20名学生。九名学生收起他们的背包。还有多少学生需要收起背包？

画

写

_____

_____

_____

第十五课： 当一位数的和大于10时，使用图画添加一对两位数。在下面记录总数。

| 单位的故事 | 第十五课习题集 | 1•6 |

姓名 _____ 日期 _____

1. 使用快速十图画求解。记住将十位数和十位数对齐,个位数和个位数对齐。将总计写在图形下方。

a. 29 + 42 = _____	b. 39 + 54 = _____
(快速十图画:三条竖线加一组9个圆圈,下方四条竖线加两个圆圈,结果为 71)	

c. 41 + 38 = _____	d. 58 + 24 = _____

e. 47 + 46 = _____	f. 48 + 29 = _____

第十五课: 当一位数的和大于10时,使用图画添加一对两位数。在下面记录总数。

2. 用快速十和一求解。记住将十位数和十位数对齐,个位数和个位数对齐。将总计写在图形下方。

a. 49 + 22 = _____

b. 38 + 62 = _____

c. 59 + 23 = _____

d. 68 + 14 = _____

e. 46 + 36 = _____

f. 69 + 26 = _____

单位的故事　　　　　　　　　　　　　　　　　　　　　　第十五课课堂反馈条　1•6

姓名 _____   日期 _____

使用快速十和一图画求解。请记住将图画排成一行,并在图画下方写下总数。

a. 49 + 34 = _____	b. 57 + 36 = _____

第十五课：　当一位数的和大于10时,使用图画添加一对两位数。在下面记录总数。

单位的故事 第十六课应用题 1•6

读

15名学生点了披萨作为午餐。7名学生从家里带来午餐。在家中带午餐的学生比订购午餐的学生少多少?

画

写

第十六课: 当一位数的和大于10时,使用图画添加一对两位数。在下面记录新的十。

单位的故事 第十六课习题集 1·6

姓名 _____ 日期 _____

1. 使用快速十图画求解。请记住将图画排成一行,并垂直重写数字算式。

a. 29 + 43 = _____

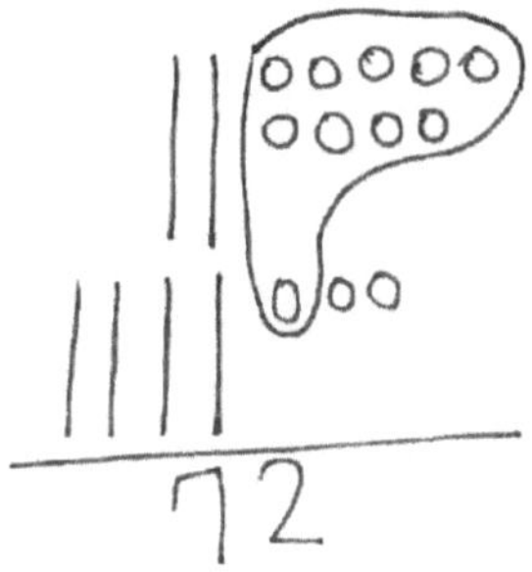

[快速十图画: 5条竖线和9个圆圈,加上4条竖线和3个圆圈,圈出10个圆圈,得72]

$$\begin{array}{r} 29 \\ +43 \\ \hline 72 \end{array}$$

b. 34 + 49 = _____

c. 45 + 39 = _____

d. 54 + 25 = _____

e. 47 + 36 = _____

f. 54 + 46 = _____

第十六课: 当一位数的和大于10时,使用图画添加一对两位数。在下面记录新的十。

2. 用快速十和一求解。请记住将图画排成一行,并垂直重写数字算式。

a. 39 + 24 = _____

b. 58 + 36 = _____

c. 55 + 37 = _____

d. 59 + 36 = _____

e. 37 + 58 = _____

f. 68 + 29 = _____

单位的故事　　　　　　　　　　　　　　　　　　　　　第十六课课堂反馈条　　1•6

姓名 _____　　日期 _____

用快速十和一求解。请记住将图画排成一行，并垂直重写数字算式。

a. 49 + 26 = _____	b. 58 + 37 = _____
c. 55 + 37 = _____	d. 69 + 26 = _____

第十六课：　　当一位数的和大于10时，使用图画添加一对两位数。在下面记录新的十。　　95

单位的故事　　　　　　　　　　　　　　　　　　　第十七课应用题　1•6

读

罗斯在动物园看到了14只猴子。她看到的猴子比狐狸少5只。罗斯看见了几只狐狸？

画

写

_____

_____

第十七课：当一位数的和大于10时，使用图画添加一对两位数。在下面记录新的十。

97

姓名 _____   **日期** _____

1. 使用快速十图画求解。记住将十位数和个位数各自对齐,然后垂直重写数字算式。

a. 39 + 52 = _____	b. 48 + 42 = _____
c. 47 + 42 = _____	d. 47 + 47 = _____
e. 68 + 17 = _____	f. 68 + 29 = _____

第十七课:　当一位数的和大于10时,使用图画添加一对两位数。在下面记录新的十。

2. 使用快速十图画求解。记住将十位数和个位数各自对齐，然后垂直重写数字算式。

a. 39 + 32 = _____	b. 48 + 31 = _____
c. 43 + 49 = _____	d. 57 + 38 = _____
e. 61 + 39 = _____	f. 68 + 25 = _____

单位的故事　　　　　　　　　　　　　　　　　　　　第十七课课堂反馈条　　1·6

姓名 _____　　日期 _____

使用快速十和一图画求解。记住将十位数和个位数各自对齐,然后垂直重写数字算式。

a. 39 + 47 = _____

b. 58 + 32 = _____

c. 49 + 44 = _____

d. 58 + 39 = _____

第十七课：　　当一位数的和大于10时,使用图画添加一对两位数。在下面记录新的十。

单位的故事　　　　　　　　　　　　　　　　第十八课应用题　1•6

读

一位农夫早晨数了笼子里有12只兔子。下午,他数了笼子里只有4只兔子。多少只兔子从笼子里消失了?

画

写

_____

_____

_____

第十八课：　将个位数之和不同的一对两位数相加,然后比较不同记录方法的结果。

单位的故事　　　　　　　　　　　　　　　　　　　　　　　　第十八课习题集

姓名 _____　　　**日期** _____

使用你喜欢的任何方法来求解以下习题。

1.　　74 + 21 = _____	2.　　79 + 21 = _____
3.　　46 + 34 = _____	4.　　58 + 34 = _____
5.　　35 + 14 = _____	6.　　35 + 18 = _____

第十八课：　将个位数之和不同的一对两位数相加，然后比较不同记录方法的结果。

姓名 _____ 日期 _____

圈出正确的解题方法。

在额外的空白处，使用学生尝试使用的相同解决方案策略来纠正其他解决方案中的错误。

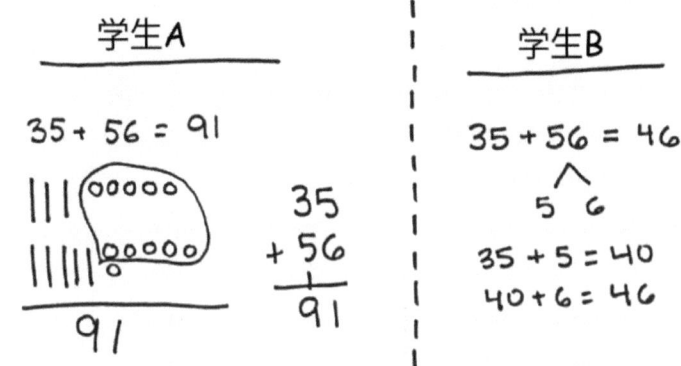

读

本在卡片展示前有16张棒球卡。卡片展示后,他有20张棒球卡。本的收藏中添加了多少张卡片?

画

写

_____

_____

姓名 _____ 日期 _____

使用你喜欢的策略来求解以下习题。

1.
43 + 21 = _____

2.
43 + 41 = _____

3.
62 + 38 = _____

4.
52 + 48 = _____

5.
75 + 14 = _____

6.
75 + 16 = _____

第十九课： 求解并分享不同和的两位数加法策略。

使用你喜欢的策略来求解以下习题。

7.　　29 + 54 = _____	8.　　27 + 54 = _____
9.　　38 + 23 = _____	10.　　58 + 36 = _____
11.　　49 + 19 = _____	12.　　28 + 69 = _____

单位的故事　　　　　　　　　　　　　　　　　　第十九课课堂反馈条

姓名 _____　　　日期 _____

使用你喜欢的策略来求解以下习题。

a.

24 + 38 = _____

b.

24 + 48 = _____

第十九课：　求解并分享不同和的两位数加法策略。

24 + 18 =

24 + 48 =

单位的故事 | 第二十课应用题 | 1•6

读

塔姆拉在动物园看到了10头猎豹。她看到的美洲豹比猎豹多8头。她看见了几只美洲豹?

画

写

___

___

___

姓名 _____   日期 _____

1. 使用词库标记硬币。硬币的正面和背面如图所示。

一美分硬币
5美分镍币
角币

a. _____   b. _____   c. _____

2. 画更多美分以显示每个硬币的值。

a.  ① _____

b.  ① _____

3. 金手里拿着5美分。划掉(x)不可能是金的手。

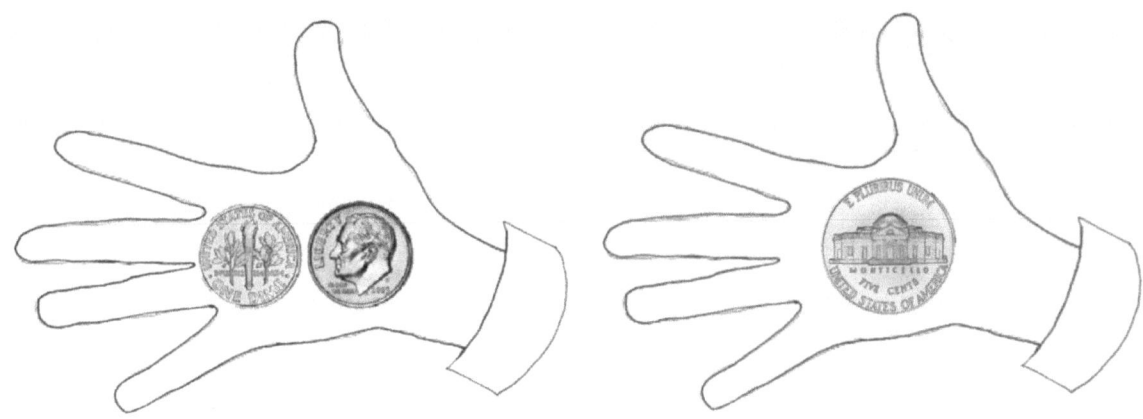

第二十课：通过其图像、名称或值来识别一美分、5美分和角币。使用美分和镍币分解镍币和角币的值。

4. 安东的口袋里有10美分。他的硬币之一是镍币。绘画硬币以显示他口袋里可能有10美分的两种不同的方式。

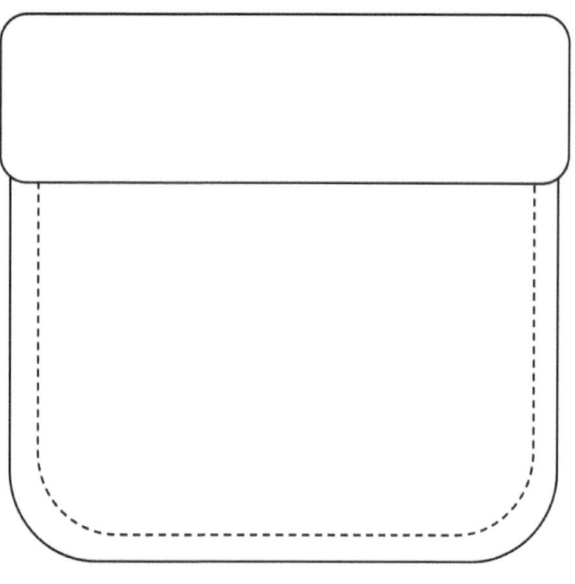
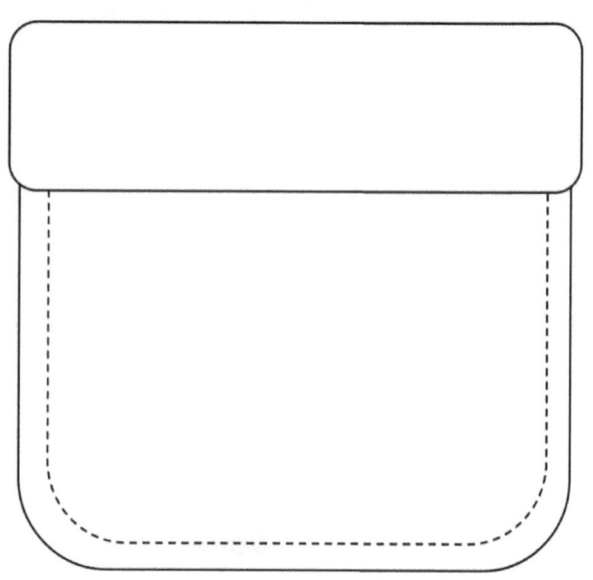

5. 艾米说她比凯安娜拥有更多的钱。她说的对吗？为什么是或者为什么不是？

艾米的钱　　　　　　　　　　　凯安娜的钱

艾米是正确的/不正确的，因为 _____

_____

姓名 _____ 日期 _____

1. 将美分与具有相同值的硬币相匹配。

   a.  • •

   b.  • •

2. 本有10美分。他有1个镍币。绘画更多硬币以显示他可能还拥有的其他硬币。

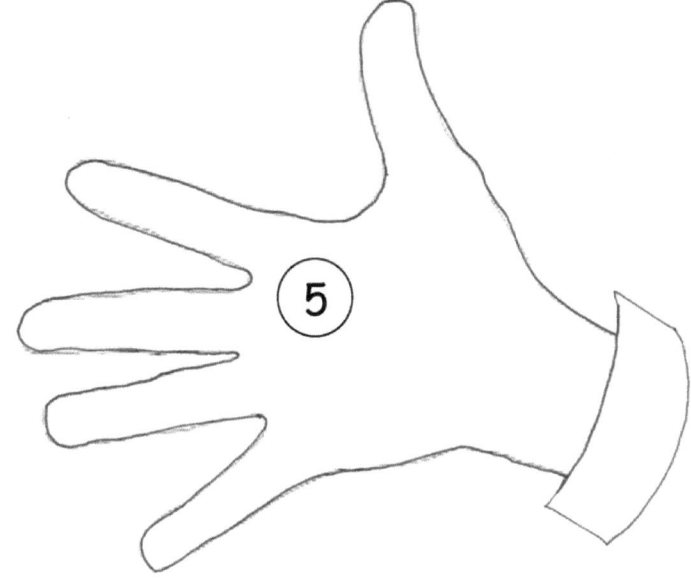

| 单位的故事 | 第二十一课应用题 | 1•6 |

读

威利在动物园里看见了11只猴子。他看到的猴子比老虎少4只。他在动物园看到了几只老虎？

画

写

___

___

___

第二十一课： 通过其图像、名称或值来识别25美分硬币。使用美分、镍币和角币分解25美分的值。

姓名 _____ 日期 _____

1. 使用不同的硬币组合来得到25美分。

a.	____ 分币	
b.	____ 角币 ____ 分币	
c.	____ 角币 ____ 5美分镍币	
d.	____ 角币 ____ 分币	
e.	____ 5美分镍币	
f.	____ 25美分硬币	

第二十一课： 通过其图像、名称或值来识别25美分硬币。使用美分、镍币和角币分解25美分的值。

2. 使用词库来标记硬币。

| 一美分硬币 | 5美分镍币 | 角钱 | 25美分硬币 |

a. _____ b. _____ c. _____ d. _____

3. 绘制不同的硬币以显示所示硬币的值。

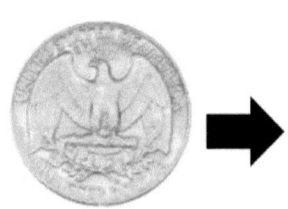

4. 将硬币组合与具有相同值的硬币匹配。

a.  • •

b.  • •

c.  • •

姓名 _____ 日期 _____

使用词库来写硬币的名称。

| 角钱　　5美分镍币　　一美分硬币　　25美分硬币 |

a. _____　　b. _____　　c. _____　　d. _____

| 单位的故事 | 第二十二课应用题 | 1•6 |

读

彼得的红铅笔比蓝铅笔多6支。他有8支蓝色铅笔。他有几支红铅笔？

画

写

_____

_____

_____

第二十二课： 通过图像、名称或值识别各种硬币。将一美分添加到任何硬币的值中。

姓名 _____   日期 _____

1. 使用词库来标记硬币。

| 25美分硬币 | 角币 | 5美分镍币 | 一美分硬币 |

a. _____ b. _____ c. _____ d. _____

2. 将硬币组合与右边具有相同值的硬币相匹配。

a. 　　●　　　●　

b. 　　●　　　●　

c. 　　●　　　●　

3. 塔姆拉手里拿着25美分。划掉(x)不可能是塔姆拉的手。

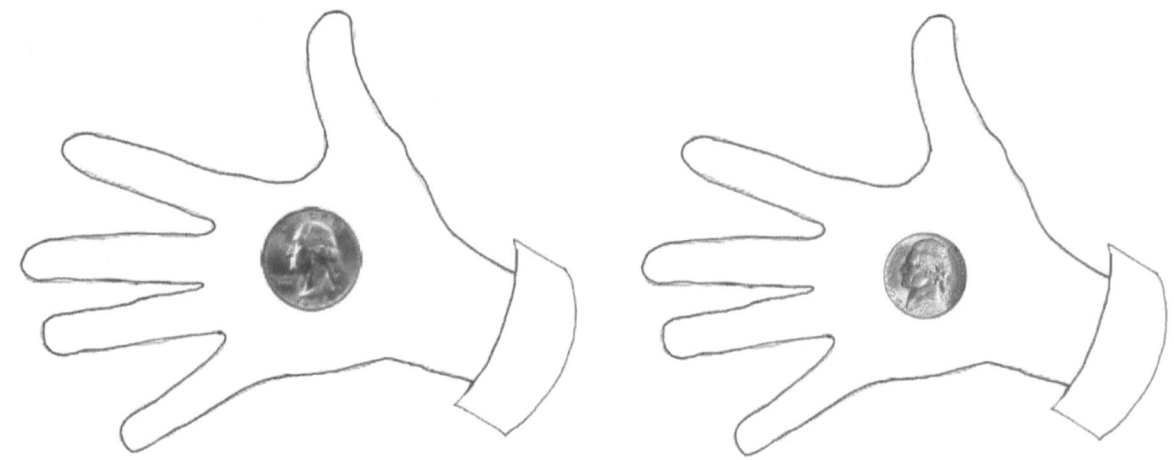

4. 本认为他比彼得有更多钱。他说的对吗？为什么是或者为什么不是？

本的钱   **彼得的钱**

本是对的，_____ 因为_____

_____

5. 解题。将每个陈述与显示答案的值的硬币匹配。

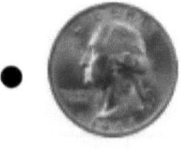

a. 5个美分 = _____ 美分 •

b. 6美分 + 4美分 = _____ 美分 •

c. 1个25美分 = _____ 美分 •

d. 6美分 - 5美分 = _____ 美分 •

姓名 _____ 日期 _____

画一条线，使每个硬币与其正确名称匹配。

🪙	十美分硬币	🪙
🪙	5美分镍币	🪙
🪙	一美分硬币	🪙
🪙	25美分硬币	🪙

第二十二课： 通过图像、名称或值识别各种硬币。将一美分添加到任何硬币的值中。

单位的故事 | 第二十三课应用题 1•6

读

彼得的绿色蜡笔比黄色蜡笔多8支。彼得有10支绿色蜡笔。彼得有几支黄色蜡笔？

画

写

_____

_____

_____

第二十三课： 从任何单个硬币的一美分开始数数。

姓名 _____ 日期 _____

1. 加一分钱，以显示书面金额。

a.	8美分	
b.	30美分	
c.	10 美分	
d.	18美分	   

2. 写下每组硬币的值。

a.

_____ 美分

b.  _____ 美分

c.  _____ 美分

d.  _____ 美分

e. _____ 美分

单位的故事 第二十三课课堂反馈条 1·6

姓名 _____   日期 _____

将一美分相加以显示书面金额。

a.	9 美分	
b.	29 美分	

第二十三课： 从任何单个硬币的一美分开始数数。

读

纸箱里有8个鸡蛋。该纸箱可容纳12个鸡蛋。

纸箱中还可以容纳多少鸡蛋？

画

写

___

___

___

姓名 _____ 日期 _____

1. 求出每组硬币的值。完成位值图表以进行匹配。写一个加法算式以相加角币的值和美分的值。

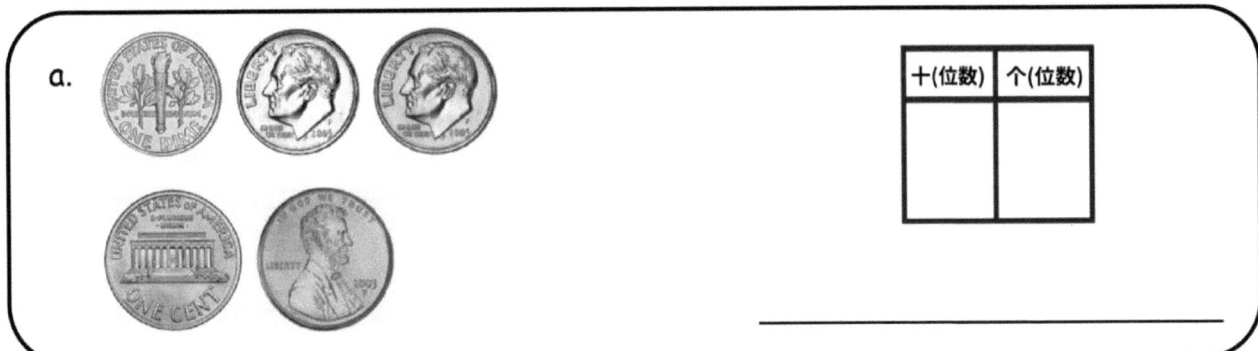

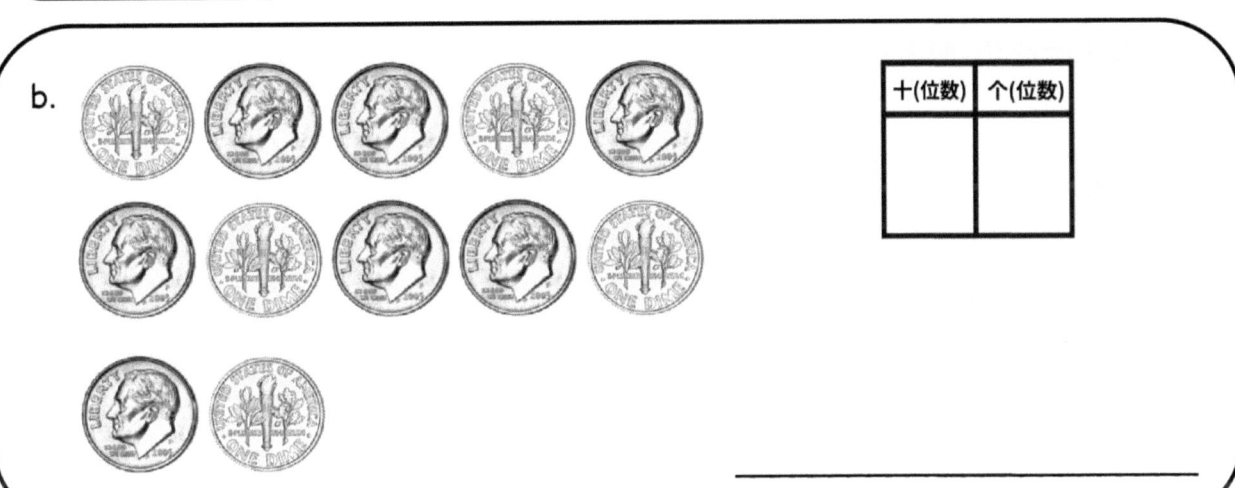

2. 检查显示正确金额的集合。填写位值图表以进行匹配。

   a. 80美分

十(位数)	个(位数)

   b. 100美分

十(位数)	个(位数)

3. 用角币和美分硬币绘画58美分。填写位值图表。

十(位数)	个(位数)

姓名 _____ 日期 _____

求出集合中硬币的值。完成位值图表以进行匹配。写一个加法算式以相加角币的值和美分的值。

姓名 _____   日期 _____

阅读文字题。
绘画带形图或双带形图并标记。
写一个算式和一个陈述以匹配故事。

带形图示例

1. 安娜写了三首诗。她写的诗歌比她姐姐艾米的少7首。艾米写了几首诗？

2. 玛丽亚用14颗珠子制作了一条手链。玛丽亚比金多使用了4个珠子。金用了多少个珠子来制作手镯？

3. 彼得绘画了19艘火箭船。罗斯比彼得少了5艘火箭飞船。罗斯绘画了多少艘火箭船？

第二十五课： 求解较大或较小未知数习题类型的比较。

4. 暑假期间，本看了9部电影。李比本多看了4部电影。李看了几部电影？

5. 安东一家人为度假打包了10个手提箱。安东一家比法蒂玛一家多打包了3个皮箱。法蒂玛的家人打包了多少个手提箱？

6. 威利比朱利奥少画了9张图片。朱利奥绘画了16张图片。威利画了几张图画？

单位的故事 第二十五课课堂反馈条 1•6

姓名 _____ 日期 _____

阅读文字题。
绘画带形图或双带形图并标记。
写一个算式和一个陈述以匹配故事。

带形图示例

暴雨过后，威利比朱利奥多泼洒7个水坑。威利泼洒11个水坑。暴雨过后，朱利奥泼洒了多少水坑？

第二十五课： 求解较大或较小未知数习题类型的比较。

姓名 _____ 日期 _____

阅读文字题。
绘画带形图或双带形图并标记。
写一个算式和一个陈述以匹配故事。

带形图示例

1. 托尼正在读一本16页的书。玛丽亚正在读一本10页的书。托尼的书比玛丽亚的书长多少？

2. 莎妮卡使用14块积木建造了一座塔楼。塔姆拉比莎妮卡多使用了5块积木建造了一座塔。塔姆拉用了多少积木来建造塔楼？

3. 达内尔步行10分钟到达凯安娜的家。第二天,凯安娜走捷径,8分钟内步行到达内尔的家。凯安娜的步行时间缩短了多少时间？

4. 李读了一本书的16页。金在她的书中少读了4页。金阅读了几页?

5. 尼基的足球队有13名球员。尼基的球队比罗斯的球队少4名球员。罗斯的球队有多少名球员?

6. 晚餐后,达内尔洗了15把汤匙。他洗的汤匙比叉子多9把。达内尔洗了几把叉子?

单位的故事

第二十六课课堂反馈条 1•6

姓名 _____   日期 _____

阅读文字题。
绘画带形图或双带形图并标记。
写一个算式和一个陈述以匹配故事。

带形图示例

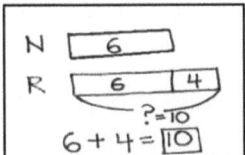

玛丽亚从跳板跳入游泳池的次数比艾米少3次。玛丽亚跳下跳水14次。艾米跳了几次跳水板?

第二十六课: 求解较大或较小未知数习题类型的比较。

151

单位的故事 第二十七课习题集 1•6

姓名 _____   日期 _____

阅读文字题。
绘画带形图或双带形图并标记。
写一个算式和一个陈述以匹配故事。

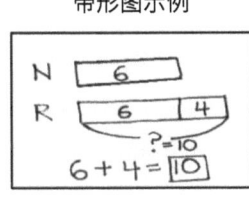
带形图示例

1. 星期一邮件里寄了九封信。星期二邮寄了更多信件。然后,有13件邮件。星期二邮递了多少信件?

2. 本和塔姆拉在西瓜片中发现了总共18粒种子。本发现他的切片中有7颗种子。塔姆拉发现了多少种子?

3. 一些孩子在操场上玩。八个孩子加入进来,现在有14个孩子。一开始有多少个孩子在操场上?

第二十七课: 分享并评论同伴求解不同类型习题的策略。

4. 威利走了7分钟。彼得走了14分钟。威利走路的时间少了多少？

5. 艾米看到12只蚂蚁排成一排行走。弗兰比埃米看到的蚂蚁多6只。弗兰看到了几只蚂蚁？

6. 莎妮卡的前袋里有13美分。她的后兜里少8美分。莎妮卡的后兜里有几分钱？

姓名 _____   日期 _____

带形图示例

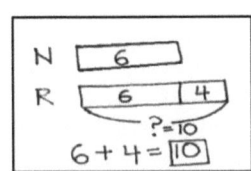

阅读文字题。
绘画带形图或双带形图并标记。
写一个算式和一个陈述以匹配故事。

艾米比尼基少试穿8套服装。艾米试穿了4套服装。尼基试穿了几套服装？

读

达内尔今天在数点冲刺练习的B面解答了30道题。他感到非常骄傲,因为他今天比上学的第一天多解答了20道题。开学第一天他解答了多少道题?

画

写

单位的故事

第二十八课习题集 1•6

姓名 _____ 日期 _____

1. 圈出笑脸，显示每次活动的熟练度。

活动	我还需要一些练习。	我可以完成，但仍然有一些问题。	我很熟练了。
a.			
b.			
c.			
d.			
e.			
f.			

2. 哪项活动最有助于熟练掌握10以内的因数？

第二十八课： 庆祝10（和20）以内加减法熟练度的进步。组织有吸引力的暑假练习。

读

十月份，塔拉姆在数字键冲刺上的最佳成绩是15道题。今天，她正确地多解答了10道题。塔姆拉今天的分数是多少？

画

写

_____

_____

_____

单位的故事　　　　　　　　　　　　　　　　　　　　　　　第三十课 夏季套装　1•6

姓名 _____　　日期 _____

每天完成一次数学活动。为执行每天建议活动的方框涂上颜色。

暑期数学复习：第1-5周

	星期一	星期二	星期三	星期四	星期五
第一周	从87数到120,然后返回。	用卡片玩加法。	使用七巧板块做成七月四日图片。	使用快速十和一绘画76。	完成冲刺。
第二周	数下蹲次数。从45计数到60,然后回到说十法。	用卡片玩减法。	制作一个你的厨房水果种类的图表。从图表中发现了什么？	求解36 + 57。画一张图展示你的思维。	完成冲刺。
第三周	在一分钟内从37开始往上写出尽可能多的数字，同时低声计数数十法。	进行目标练习,或摇一摇那些磁盘以获取9和10。	先用勺子再用叉子测量图表。您还需要哪个？为什么？	使用真实的硬币或绘画硬币显示尽可能多的方式得到25美分。	完成冲刺。
第四周	以10为单位向上计数到120然后返回至0时做开合跳。	竞赛并掷骰子做加法或使用卡片做加法。	进行形状寻宝游戏。找到尽可能多的矩形或长方柱。	使用快速十和一分别画出45和54。圈出较大数字。	完成冲刺。
第五周	写出75至120的数字。	竞赛并掷骰子做减法或使用卡片做减法。	测量从浴室到卧室的路线。以脚跟和脚尖走路量步,计数你的步数。	将5个十和23相加。加2。您得到了什么数字？	完成冲刺。

第三十课：　为要带回家的解题方法创建文件夹封面,以说明本年度的学习情况。

单位的故事　　　　　　　　　　　　　　　　　　　　　　　　　　第三十课 夏季套装　　1•6

姓名 _____　　　日期 _____

每天完成一次数学活动。为执行每天建议活动的方框涂上颜色。

夏季数学复习：第6-10周

	星期一	星期二	星期三	星期四	星期五
第六周	以一为单位从112数到82。然后从82数到112。	做缺少部分7的游戏。	编写一道故事题表示9 + 4。	求解64 + 38。画一幅画来表达你的想法。	完成核心熟练度练习集。
第七周	数下蹲次数。从99倒数到75，然后回到说十法。	竞赛并掷骰子做加法或使用卡片做加法。	画出你所有裤子的颜色图表。你从图中发现了什么？	用一角硬币和几美分硬币绘画14美分。再绘画10美分。你使用什么硬币？	完成核心熟练度练习集。
第八周	一分钟内写出从数字116到尽可能低的数字。	做缺少部分8的游戏。	编写一道故事题表示7 + ___ = 12。	使用快速十和一绘制76。绘画一角硬币和几美分以显示59美分。	完成核心熟练度练习集。
第9周	以10为单位从9向上计数到119然后返回至9时做开合跳。	竞赛并掷骰子做减法或使用卡片做减法。	继续形状寻宝游戏。找出尽可能多的圆形或球形。	使用快速十和一来绘制89和84。圈出较小的数字。	完成核心熟练度练习集。
第十周	在一分钟内从82开始往上写出尽可能多的数字，同时低声计数数十法。	进行目标练习，或摇一摇那些磁盘以获取6和7。	测量从卧室到厨房的步数，脚跟接着脚尖步行，然后让家人做同样的事情。比较。	求解47 + 24画一张图展示你的思维。	完成核心熟练度练习集。

第三十课：为要带回家的解题方法创建文件夹封面，以说明本年度的学习情况。

卡的加法（或减法）

材料：2套0-10数字卡

- 洗牌，然后将它们正面朝下放在两个参赛者之间。
- 每个伙伴翻开两张卡并将它们加在一起，或从较大的卡的数字中减去较小的卡的数字。
- 该轮中的两名参赛者中，拥有最大和或最小差的伙伴继续出牌。
- 如果和或差相等，则将卡片放在一边，下一轮的获胜者将保留两轮的卡片。
- 使用完所有卡片后，拥有最多卡片的参赛者将获胜。

冲刺

材料：冲刺（A面和B面）

- 一分钟内尽可能多地在A面解题。然后，尝试看看能否在一分钟内解答B面的更多题来提高分数。

目标练习

材料：1个骰子

- 选择要练习的目标数字（例如：10）。
- 掷骰子，说出击中目标所需的其他数字。例如，如果您掷6，则说4，因为6和4等于10。

摇一摇那些圆盘

材料：一美分硬币

所需的美分数量取决于练习的数字。例如，如果学生练习和为10，则需要10个一美分硬币。

- 摇一摇硬币，将它们放在桌子上。
- 说出两个加法算式，将首位相加。（例如，如果他们看到前部是7，尾部是3，他们会说7 + 3 = 10和3 + 7 = 10）
- 挑战：说出四个加法算式，而不是两个。（例如：10 = 7 + 3, 10 = 3 + 7、7 + 3 = 10和3 + 7 = 10）

第三十课： 为要带回家的解题方法创建文件夹封面，以说明本年度的学习情况。

竞赛与掷骰子加法（或减法）

材料： 1个骰子

加法

- 两位参赛者都从0开始。
- 他们每个人都掷一个骰子，然后说一个数字算式，将掷出的数字加到他们的总数中。（例如，如果参赛者的第一掷为5，则参赛者说出0 + 5 = 5）
- 他们继续快速掷骰子并说出数字算式，直到某人达到20而没有超过。（例如，如果一名参赛者在18时掷出5，则该参赛者将继续掷骰直到获得一个2。）
- 第一个获得20的参赛者将获胜。

减法

- 两位参赛者都从20开始。
- 他们每个人都掷一次骰子，然后说出一个数字算式，从总数中减去掷出的数字。（例如，如果参赛者的第一掷骰为5，则参赛者说20 - 5 = 15。）
- 他们继续快速掷骰子并说出数字算式，直到某人达到0而没有超过。（例如，如果一名参赛者在5时掷出6，则该参赛者将继续掷骰直到获得5。）
- 第一个获得0的参赛者将获胜。

鸣谢

Great Minds® 竭尽全力获得转载所有版权教材的许可。如对任何版权材料的拥有人未在此致谢,请联系 Great Minds,以在未来的版本以及本模块的转载中获得正确的致谢。

Printed by Libri Plureos GmbH in Hamburg, Germany